U0052146

# 法·式·經·典·甜·點

## 貴氣金磚蛋糕

# 費南雪

菅又亮輔 ◆ 著

# 前言

掌心大的燒菓子費南雪（Financier），
自 16 世紀起就深受法國人喜愛。

外層酥脆，內層濕潤輕盈，
杏仁與焦香奶油組合出多層次風味，
讓午茶時光奢華了起來！

法國學成歸來的甜點職人，
為初學者設計了在家也能輕鬆作的費南雪食譜，
真是令人雀躍不已！

從基本款費南雪開始，
進一步以食材作變化的費南雪、獨特風味的費南雪，
及將杏仁的魅力推向極致的本格派燒菓子……
各式各樣不同樣貌的費南雪，
都將在本書詳細介紹給您。

# 目錄

Contents

# Part 3
# 杏仁風味燒菓子　　　　P.46

# 什麼是費南雪？

費南雪的原文為Financier，意指「金融家」或「有錢人」。之所以會有這樣的名字，據說是因為費南雪的外形酷似金磚。另一種說法是，這道甜點是從巴黎證券交易所周邊的金融街流傳開來的，因而得名。

時至今日，即便不再以金磚為造形，只要食譜中麵粉與杏仁粉的用量相近，且加入蛋白，不論作成什麼形狀，都被納入費南雪的範圍。

費南雪最大的特色有二，一是散發杏仁粉與榛果味焦香奶油的香氣；二是麵粉較少＋只使用蛋白所形成的輕盈感。

雖然常被拿來和瑪德蓮作比較，但口感上和以全蛋與麵粉為主材料的瑪德蓮蛋糕可說是完全不同。

高溫、快烤，營造外層酥脆、內層濕軟的口感，再加上唇齒留香的杏仁風味，是一道簡單樸素＆深受大家喜愛的人氣甜點。

# 添加了杏仁的燒菓子

像費南雪一樣使用杏仁粉的點心其實很多，如大家熟悉的達克瓦茲（P.47）、焦糖杏仁酥餅（P.50）及馬卡龍（P.81）等。

而所謂的杏仁粉，是指不加鹽的杏仁磨成的粉末。杏仁研磨時會出油，拌入蛋糕或餅乾的麵糊，烤出的成品香味濃郁，且保有濕潤口感。

另一個特色是，杏仁粉不會和麵粉一樣產生麥麩（gluten），所以可以烤得輕柔軟綿。但儘管如此，杏仁粉也並非多多益善，一旦使用過量，會變得不易成型。所以重點仍以麵粉為主，混合適量的杏仁粉，以決定每道甜點的口感。

此外，購買食材時Almond Powder 和Almond Poudre都是杏仁粉。Poudre是法語「粉」的意思。

# 杏仁粉的種類&特色

在日本買到的杏仁粉,其原料杏仁主要來自美國加州、義大利西西里島及西班牙等三處產地。

本書使用的是,以地中海沿岸的西班牙產MARCONA品種杏仁,研磨得稍粗的杏仁粉。MARCONA杏仁有「杏仁女王」之稱,香氣濃郁、油分足。

加州產的杏仁,油分及風味比較輕質,適合凸顯奶油或香草的風味,而非強調杏仁香味時使用。
而西西里島產的杏仁,香氣足,油分不及西班牙產杏仁,沒那麼濃郁,但正好讓麵糊不至於太軟塌,在製作馬卡龍之類的點心時會比較好成型。

杏仁粉最大的特色在於本身帶有油分,但也因此容易酸化變質不易存放。最好在開封後盡速使用,若短時間內會使用完畢可放入冰箱冷藏保存,若一時之間無法使用完畢請以冷凍保存,並且於2至3個月內使用完畢為最佳。

---

**可在日本烘焙專賣店買到的杏仁粉**

cuoca
加州產杏仁粉

價錢實惠,
風味輕淡。

cuoca
西西里島產杏仁粉

潤澤甘甜,
特別適用於
製作馬卡龍。

cuoca
西班牙產的杏仁粉

品種與本書
所使用的相同。
油分多,
香氣濃郁。

※以上商品皆為日本cuoca烘焙專賣店所販售,可於台灣烘焙材料行購得類似商品。

# 本書介紹的費南雪

**基本款**
**費南雪**

低筋麵粉與杏仁粉、糖約等量混合。外脆內軟，一口咬下就能品嚐到滿滿的香氣與風味。

**水果風味**
**費南雪**

為了能充分享用水果的風味與口感，特別降低酥脆口感。杏仁粉稍多，吃起來口感更濕潤

**蔬菜鹹味**
**費南雪**

以蔬菜取代杏仁粉的變化款。較為柔軟，外表及內層的口感一致，不會差太多。

**配合種類**
**調整粉的用量**

粉類的用量相同，但使用深度較深的模具烘烤出來的口感較濃厚且濕潤，深度較淺則偏酥脆，可依個人喜好作選擇。而用量一旦改變，蛋糕體的風味也隨之出現差異。例如蔬菜款是粉類減少、油分提高、口感扎實。水果款則是麵粉稍減，口感沒那麼綿密。

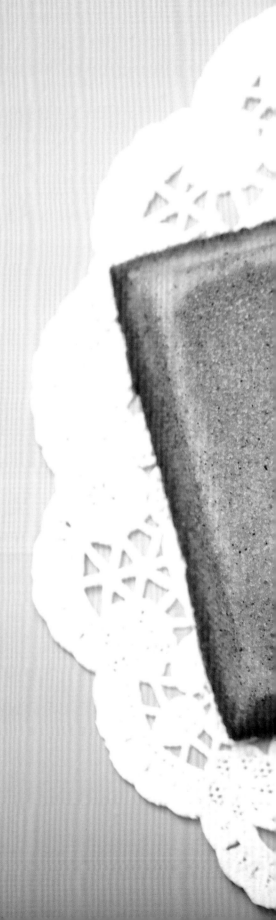

# Part 1 Financier Nature

# 基本款費南雪

將杏仁的風味展露無遺的原味費南雪。
添加了蜂蜜與水麥芽帶來潤澤的口感，
拌入焦香奶油則讓風味更加豐富。

# 基本的工具

### 擠花袋

方便用來擠出奶油或麵糊。基於衛生考量，建議使用塑膠擠花袋。使用前先在前端剪出洞口，如果裝上能均勻擠花的圓形花嘴，使用起來會更方便。

### 打蛋器

用來混合或打發麵糊。建議挑選握柄堅固好握、不鏽鋼圈具適度彈性、前端呈圓弧狀的產品。圓弧狀的前端可以緊貼調理盆底，容易將材料拌勻。

### 電子秤

製作甜點最基本的動作就是準確測量。可以自動扣除容器的重量、最小單位為1g的電子磅秤，較為方便。

## 調理盆

混合或打發麵糊時使用,為製作甜點的必備工具。至少準備一個直徑約30cm,將全部材料倒進去也能順利攪拌的調理盆。若大中小尺寸都有,那就更方便了。

## 橡皮刮刀

翻拌麵糊時使用,或將麵糊攪拌至蛋白霜或慕斯等鬆軟狀態的常用工具。準備刀面與握把一體成型、彈性佳且耐熱的矽膠刮刀,好上手又容易清洗。

## 濾網

粉末狀的材料基本上都要過篩後再倒入使用。過篩的目的在於消除結塊,且讓空氣進入麵粉中,使烤出的甜點細緻柔軟。使用網眼小的濾網過篩,效果較好,但清洗時要注意網眼有沒有堵塞住。

# 基本的材料

## 蛋 <L尺寸（全蛋約60g，蛋黃25g，蛋白35g）>

蛋若不夠新鮮就不易打發，所以一定要挑選新鮮的蛋。此外，冷藏蛋與油分混合時會出現分離現象，請先放置常溫回溫後使用。使用時先過濾，以避免蛋殼與卵繫帶混入麵糊中。

※只使用蛋白時，先將蛋白與蛋黃分開，
　蛋白輕輕攪拌後再過濾使用。

## 杏仁粉

將杏仁研磨成粉狀的動作，法文稱為Poudre d'amande。添加杏仁粉可增加麵糊的潤澤感及濃郁度，為製作費南雪不可或缺的材料。含油量高容易變質，開封後請冷藏保存，並盡速用完（詳細說明參閱P.8）。

## 蜂蜜

保濕性佳，香氣迷人的蜂蜜，可以使蛋糕變得軟綿濕潤。但若添加過多，味道會變得太濃，可以和同樣具保濕性又不留殘味的水麥芽併用。

## 麵粉

本書使用高筋與低筋兩種麵粉。低筋麵粉主要用來製作費南雪等吃起來酥脆的、鬆軟的、口感濕潤的點心。高筋麵粉則適合製作麵包，或帶有嚼勁的非輕質點心。

## 細砂糖

清爽不留殘味，除了增加甜味，還具有幫助上色、膨脹及維持麵糊濕潤等功能。和水一起加熱可作成糖漿，或焦糖化使用。

## 關於個數與材料的分量

本書食譜分量是以製作20個以上的甜點為主。如果製作數量毋須那麼多，例如：數量減半，則配方中所有材料的用量就隨之減半，請視比例作調整。

# 基本款費南雪製作步驟

## 材料

（長8.4×寬2.1cm的費南雪模30個分）

| 蛋白 | （L尺寸約8個）265g |
|---|---|
| 細砂糖 | 70g |
| 糖粉 | 105g |
| 杏仁粉 | 105g |
| 蜂蜜 | 10g |
| 水麥芽 | 30g |
| 香草精 | 5g |
| 低筋麵粉 | 105g |
| 泡打粉 | 3g |
| 無鹽奶油 | 225g |

## 準備作業

- 蛋置於室溫下回溫。
- 糖粉、杏仁粉、低筋麵粉分別過篩。
- 烤箱預熱至200℃。
- 模具抹上薄薄一層無鹽奶油（分量外）。

↓*Start*

**1**

蛋白以打蛋器或筷子攪拌，再使用濾網或細網眼的篩子過濾，接著輕輕打發。

**2**

舉起打蛋器，若泡泡沒有掉落，就加入細砂糖，充分混合。

**3**

加入過篩的糖粉，拌至無粉狀。

**4**

一口氣倒入杏仁粉。

**5**

充分攪拌至全部融為一體。

**6**

水麥芽隔水加熱變軟，與蜂蜜混合後倒入步驟5。

**7**

全部混合後，加入香草精，大致攪拌一下。

**8**

過篩的低筋麵粉與泡打粉混合倒入，充分拌至無粉狀＆表面滑順。

**9**

製作焦香奶油。將切成適當大小的無鹽奶油倒入鍋中。

**10**

以中火加熱至奶油溶化，變成金黃色。

**11**

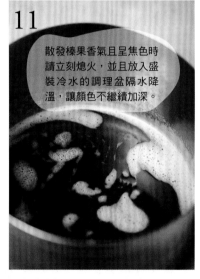

散發榛果香氣且呈焦色時請立刻熄火，並且放入盛裝冷水的調理盆隔水降溫，讓顏色不繼續加深。

**12**

當焦香奶油降至75℃，分3次倒入步驟8材料中。若一口氣倒入全部的奶油，會導致麵糊凝固，請一邊以濾網過篩一邊倒入，以避免混入殘渣與不純物質。

**13**

每次倒入都要混合一遍麵糊與奶油。如果奶油的溫度下降，就無法順利和麵糊融合，所以動作要迅速。混合完成的麵糊溫度約為40℃至45℃。

**14**

麵糊拌至泥狀就完成了。

**15**

擠花袋裝上圓形花嘴。將花嘴放入擠花袋的前端，以麥克筆在花嘴1/3長的位置作記號。接著拔下花嘴，沿記號剪下一小段擠花袋，再套入花嘴。

*Continued on next page →*

→

**16** 擠花袋約反摺一半，以左手握住後，舀取麵糊裝入袋中，約裝至一半高的位置，再將上方擰緊，花嘴向上以右手拿著。

**19** 表面呈金黃色，中間鼓起，表示烘烤完成。烘烤時間依烤箱或模具大小而異，可以竹籤刺入，確認有無沾黏來檢查烘烤狀態。

**17** 以右手推擠麵糊，左手扶著花嘴，將麵糊擠入模具中，約至8分滿。由左自右，每格模具同一方向，快速作業。

**20** 趁熱脫膜，置於網架放涼，基本款費雪南便大功告成了。

**18** 全部擠好後，放進預熱至200℃的烤箱，烘烤10至12分鐘。

剛出爐的費南雪輕柔鬆軟，焦香
奶油的濕潤香甜在口中擴散開
來。這樣的美味只有自家烘焙才
能品嚐到！

# 基本配方＋調味的風味費南雪

## Financier de flavor

製作步驟大致和原味費南雪相同，
再花點心思在麵糊中添加可可、焦糖、橙香等
變化口味。

### 巧克力費南雪
#### Financier au Chocolat

利用可可粉作出來的巧克力風
味。鬆軟甘甜、入口即化，小
朋友們一定都很喜歡。

### 果仁糖費南雪
#### Financier au Prarine

由大量堅果與焦糖熬煮而成的
果仁糖與費南雪組合，濃厚、
香甜，餘韻無窮。

### 楓糖費南雪
#### Financier au Sirop d'erabre

法文d'erabre 是楓糖的意思。
一口咬下，可嚐到滿滿楓糖獨
特的風味與濃郁口感。

## 紅茶費南雪
Financier au Thé

紅茶葉剁碎拌入麵糊中，清
爽的口感，帶著紅茶的高雅
香氣。

## 橙香費南雪
Financier à l'orange

同時加入糖漬橙皮與鮮橙皮，
層次口感更顯奢華，可搭配無
糖的原味紅茶一起享用。

## 焦糖費南雪
Financier au Caramel

高人氣的焦糖也可應用在費南
雪上。以奶油及鮮奶油製成的
焦糖為此款風味費南雪的製作
關鍵。

## 咖啡費南雪
Financier au Café

帶點苦味，適合大人的咖啡風
味。可使用沖泡好的即溶咖啡
調味。

# 楓糖費南雪

## 材料

（長8.4×寬2.1cm的費南雪模30個分）

| | |
|---|---|
| 蛋白 ……（L尺寸約8個）265g | 水麥芽 …… 30g |
| 細砂糖 …… 70g | 香草精 …… 5g |
| 糖粉 …… 53g | 低筋麵粉 …… 105g |
| 楓糖漿 …… 53g | 泡打粉 …… 3g |
| 杏仁粉 …… 105g | 無鹽奶油 …… 225g |
| 蜂蜜 …… 10g | |

## 準備作業

- 蛋置於室溫下回溫。
- 糖粉、杏仁粉、低筋麵粉分別過篩。
- 模具抹上薄薄一層無鹽奶油（分量外）。
- 烤箱預熱至200℃。

## 作法

作法和P.16的「基本款費南雪」相同，僅步驟[3]改成加入等量的糖粉與楓糖漿（a）。

a 以等量的糖粉與楓糖漿提升風味，特色在於濃郁、醇厚的甘甜味。

# 巧克力費南雪

## 材料

（長8.4×寬2.1cm的費南雪模30個分）

| | |
|---|---|
| 蛋白 ……（L尺寸約8個）265g | 香草精 …… 5g |
| 細砂糖 …… 70g | 低筋麵粉 …… 105g |
| 糖粉 …… 105g | 可可粉 …… 15g |
| 杏仁粉 …… 105g | 泡打粉 …… 3g |
| 蜂蜜 …… 10g | 無鹽奶油 …… 225g |
| 水麥芽 …… 30g | |

## 準備作業

- 蛋置於室溫下回溫。
- 糖粉、杏仁粉、低筋麵粉分別過篩。
- 模具抹上薄薄一層無鹽奶油（分量外）。
- 烤箱預熱至200℃。

## 作法

作法和P.16的「基本款費南雪」相同，僅步驟[8]改成低筋麵粉與可可粉一起過篩（a）後倒入。

a 事先將低筋麵粉與可可粉一起過篩，可防止結塊，使蛋糕體烤後顏色漂亮不會出斑點。

23

# 果仁糖費南雪

## 材料

（長8.4×寬2.1cm的費南雪模30個分）

| | | | |
|---|---|---|---|
| 蛋白 | （L尺寸約8個）265g | 泡打粉 | 3g |
| 細砂糖 | 70g | 無鹽奶油 | 225g |
| 糖粉 | 105g | | |
| 杏仁粉 | 105g | | |
| 果仁糖糊 | 70g | | |
| 低筋麵粉 | 105g | | |

## 準備作業

- 蛋置於室溫下回溫。
- 糖粉、杏仁粉、低筋麵粉分別過篩。
- 模具抹上薄薄一層無鹽奶油（分量外）。
- 烤箱預熱至200℃。

## 作法

作法和P.16的「基本款費南雪」相同，但在步驟[5]之後，倒入軟化的果仁糖糊（a），翻拌混合。

a 果仁糖是指烤過的堅果（主要是榛果與杏仁）加入砂糖，煮成焦糖狀。本書使用的是製成泥狀的市售果仁糖糊。

---

# 紅茶費南雪

## 材料

（長8.4×寬2.1cm的費南雪模30個分）

| | | | |
|---|---|---|---|
| 蛋白 | （L尺寸約8個）265g | 香草精 | 5g |
| 細砂糖 | 70g | 低筋麵粉 | 105g |
| 糖粉 | 105g | 泡打粉 | 3g |
| 杏仁粉 | 105g | 紅茶葉 | 15g |
| 蜂蜜 | 10g | 無鹽奶油 | 225g |
| 水麥芽 | 30g | | |

## 準備作業

- 蛋置於室溫下回溫。
- 糖粉、杏仁粉、低筋麵粉分別過篩。
- 模具抹上薄薄一層無鹽奶油（分量外）。
- 烤箱預熱至200℃。

## 作法

作法和P.16的「基本款費南雪」相同，但在步驟[8]之後，倒入磨碎成粉狀的紅茶葉（a），均勻混合。

a 左邊是磨碎前，右邊是磨碎後的紅茶葉。磨碎後的紅茶粉較好入口。

# 咖啡費南雪

## 材料

（長8.4×寬2.1cm的費南雪模30個分）

| | | | |
|---|---|---|---|
| 蛋白 | （L尺寸約8個）265g | 香草精 | 5g |
| 細砂糖 | 70g | 低筋麵粉 | 105g |
| 糖粉 | 53g | 泡打粉 | 3g |
| 杏仁粉 | 105g | 即溶咖啡 | 20g |
| 蜂蜜 | 10g | 熱水 | 10g |
| 水麥芽 | 30g | 無鹽奶油 | 225g |

## 準備作業

- 蛋置於室溫下回溫。
- 糖粉、杏仁粉、低筋麵粉分別過篩。
- 模具抹上薄薄一層無鹽奶油（分量外）。
- 烤箱預熱至200℃。

## 作法

作法和P.16的「基本款費南雪」相同，但在步驟[8]倒入以熱水沖泡的即溶咖啡，混合至整體都呈現咖啡色澤（a）。

**a** 重點在即溶咖啡需完全溶解後再倒入。在此示範的是濃厚咖啡風味的作法，可依個人喜好調整濃淡。

# 橙香費南雪

## 材料

（長8.4×寬2.1cm的費南雪模30個分）

| | | | |
|---|---|---|---|
| 蛋白 | （L尺寸約8個）265g | 香草精 | 5g |
| 細砂糖 | 70g | 低筋麵粉 | 105g |
| 糖粉 | 105g | 泡打粉 | 3g |
| 杏仁粉 | 105g | 鮮橙皮 | 1個分 |
| 蜂蜜 | 10g | 糖漬橙皮 | 40g |
| 水麥芽 | 30g | 無鹽奶油 | 225g |

## 準備作業

- 蛋置於室溫下回溫。
- 糖粉、杏仁粉、低筋麵粉分別過篩。
- 模具抹上薄薄一層無鹽奶油（分量外）。
- 烤箱預熱至200℃。

## 作法

作法和P.16的「基本款費南雪」相同，但在步驟[8]之後，倒入鮮橙皮與糖漬橙皮（a），均勻混合。

**a** 加入切丁的鮮橙皮（上）和糖漬橙皮（下）。鮮橙皮能提升豐潤的香氣，糖漬橙皮則可增添味道與口感。

# 焦糖費南雪

## 材料

（長8.4×寬2.1cm的費南雪模30個分）

| | | |
|---|---|---|
| 蛋白 ‧‧‧‧‧‧ （L尺寸約7個）240g |
| 細砂糖 ‧‧‧‧‧‧‧‧‧‧‧‧‧‧‧‧‧‧‧‧ 70g |
| 糖粉 ‧‧‧‧‧‧‧‧‧‧‧‧‧‧‧‧‧‧‧‧ 105g |
| 杏仁粉 ‧‧‧‧‧‧‧‧‧‧‧‧‧‧‧‧‧ 105g |
| 低筋麵粉 ‧‧‧‧‧‧‧‧‧‧‧‧‧‧ 105g |
| 泡打粉 ‧‧‧‧‧‧‧‧‧‧‧‧‧‧‧‧‧‧‧ 3g |

＜焦糖醬＞
＊完成後的分量‧‧‧‧‧‧‧‧ 60g
　細砂糖 ‧‧‧‧‧‧‧‧‧‧‧‧‧‧ 30g
　無鹽奶油 ‧‧‧‧‧‧‧‧‧‧ 10g
　鮮奶油 ‧‧‧‧‧‧‧‧‧‧‧‧ 30g
無鹽奶油 ‧‧‧‧‧‧‧‧‧‧‧‧‧ 225g
鹽‧‧‧‧‧‧‧‧‧‧‧‧‧‧‧‧‧‧‧‧‧‧‧‧‧‧ 2g

## 準備作業

● 蛋置於室溫下回溫。
● 烤箱預熱至200℃。
● 糖粉、杏仁粉、低筋麵粉分別過篩。
● 模具抹上薄薄一層無鹽奶油（分量外）。

## 作法

作法和P.16的「基本款費南雪」相同，但在步驟[4]之後，加入鹽與焦糖醬（作法如下），翻拌混合。

## 焦糖醬作法

**1** 細砂糖倒入鍋中加熱，煮到呈現焦色後，放入無鹽奶油。

**2** 冒泡後倒入鮮奶油，拌至滑順狀就完成了。
　　鮮奶油先稍微溫熱過，較不會四處飛濺。

# Part 2 La Various de Financier

# 水果 & 蔬菜費南雪

本篇介紹添加對味食材的費南雪食譜。
製作步驟大致都與基本款費南雪相同，
但為了要充分享受水果或蔬菜的味道與口感，
請配合食譜調整粉類配方與砂糖的用量。

Marron Cassis
# 栗子黑醋栗

栗子的濃醇甘甜，咬一口在嘴裡擴散開來……
搭配顆粒狀黑醋栗的鮮酸味，速配指數百分百！

# 栗子黑醋栗費南雪

## 材料

（長11cm×4.5cm的船形模約25個分）

蛋白（A）…………（L尺寸約14個）490g
糖粉……………………………………522g
杏仁粉…………………………………227g
黑醋栗醬…………………………………50g
栗子泥…………………………………100g
蛋白（B）…………（L尺寸約13個）450g
低筋麵粉………………………………150g
無鹽奶油………………………………420g
冷凍黑醋栗…………………………適量

## 作法

1　蛋白（A）打散過濾後，倒入調理盆內，以打蛋器輕輕打發。

2　糖粉與杏仁粉倒入步驟1，拌至無粉狀。

3　黑醋栗醬隔水加熱至35℃至40℃，倒入步驟2輕拌混合。

4　低筋麵粉倒入步驟3，充分拌勻。

5　將蛋白（B）打散過濾後，倒入栗子泥中（a），以橡皮刮刀拌軟（b、c），續拌至出現光澤的糊狀後，倒入步驟4，將所有材料混合攪拌均勻（d）。

6　製作焦香奶油。待降溫至70℃至75℃後，分次倒入步驟5，每次都要充分混合。為防止麵糊摻雜不純物質，請一邊以濾網過濾一邊倒入。最後拌至滑順狀，麵糊就完成了。

7　覆蓋保鮮膜，放入冰箱冷藏約2小時休眠。

8　將步驟7裝進擠花袋，注入模具至8分滿。

9　最後放上整顆黑醋栗，放進預熱至160℃的烤箱中烘烤12至15分鐘。出爐後趁熱脫模，放涼冷卻。

## 準備作業

● 蛋置於室溫下回溫。
● 糖粉、杏仁粉、低筋麵粉分別過篩。
● 焦香奶油作法請參閱P.17「基本款費南雪」的製作步驟9至11。
● 模具抹上薄薄一層無鹽奶油（分量外）。
● 烤箱預熱至160℃。

## ＊黑醋栗醬

黑醋栗拌入少許砂糖製成的醬汁，可在烘焙材料行購買，也可以100%的葡萄汁取代。

## ＊栗子泥

將糖漬栗子用的栗子搗成泥狀，加入香草及砂糖製成的烘焙食材。加入蛋白讓栗子泥軟化，更容易和麵糊融為一體。

29

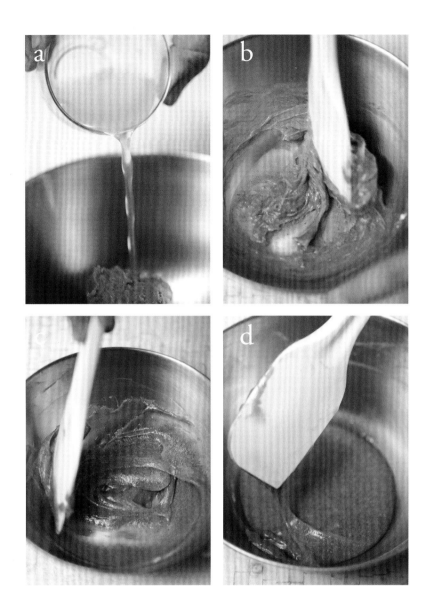

Abricot Nossett

# 杏桃榛果

華麗的杏桃搭配各種堅果。
在麵糊中添加榛果粉，可以讓香氣更加濃郁。

# 杏桃榛果
# 費南雪

## 材料
（直徑6cm×高2cm的甜甜圈模25個分）

蛋白（A）…… （L尺寸約14個）490g
糖粉 …………………………… 522g
杏仁粉 ………………………… 227g
榛果粉 ………………………… 275g
杏桃醬 …………………………… 50g
低筋麵粉 ……………………… 150g
無鹽奶油 ……………………… 480g
杏桃 …………………………… 適量
裝飾用堅果 …………………… 適量

## 作法

**1** 蛋白打散過濾後倒入調理盆內，以打蛋器輕輕打發。

**2** 糖粉倒入步驟1，拌至無粉狀。

**3** 杏仁粉與榛果粉混合後（a）倒入步驟2。

**4** 杏桃醬隔水加熱至35℃至40℃，倒入步驟3輕拌混合。

**5** 低筋麵粉倒入步驟4，充分拌勻。

**6** 製作焦香奶油。待降溫至70℃至75℃後，分次倒入步驟5，每次都要充分混合。為防止麵糊摻雜不純物質，請一邊以濾網過濾一邊倒入。最後拌至滑順狀，麵糊就完成了。

**7** 覆蓋保鮮膜，放入冰箱冷藏約2小時休眠。

**8** 將步驟7裝進擠花袋，注入模具至8分滿。中間放上杏桃，四周以碎堅果作裝飾。

**9** 放進預熱至160℃的烤箱烘烤10至12分鐘。出爐後趁熱脫模，放涼冷卻。

## 準備作業

● 蛋置於室溫下回溫。
● 糖粉、杏仁粉、低筋麵粉分別過篩。
● 焦香奶油作法請參閱P.17「基本款費南雪」的製作步驟9至11。
● 模具抹上薄薄一層無鹽奶油（分量外）。
● 烤箱預熱至160℃。

**＊榛果粉**

如同將杏仁磨成粉狀，是將榛果磨成粉狀製成的烘焙食材。擁有獨特的香氣與風味。事先攪拌再倒入麵糊中，可避免烘烤不均出現斑點。

**＊杏桃醬**

作為調味料使用，添加些許可讓味道富有層次感。本書中的抹茶香蕉費南雪、雅文邑釀李子費南雪都有使用杏桃醬。

Figue et vin chaud

# 紅酒煮無花果

大方地鋪上以酸味熱酒煮至軟爛的無花果，
為費南雪增添奢華感。
為了不損壞美麗外觀，選用正方形模具烘烤。

# 紅酒煮無花果費南雪

## 材料

（長7cm×寬7cm的正方形模約20個分）
（熱酒）

| | |
|---|---|
| 紅酒 | 50ml |
| 細砂糖 | 6g |
| 柳橙（帶皮） | 6g |
| 檸檬皮 | 適量 |
| 肉桂粉 | 1小撮 |
| 白色無花果乾 | 10片 |
| | |
| 蛋白 （L尺寸約14個） | 490g |
| 糖粉 | 552g |
| 杏仁粉 | 277g |
| 低筋麵粉 | 150g |
| 無鹽奶油 | 430g |

## 準備作業

- 蛋置於室溫下回溫。
- 糖粉、杏仁粉、低筋麵粉分別過篩。
- 白色無花果乾切半備用。
- 焦香奶油作法請參閱P.17「基本款費南雪」的製作步驟9至11。
- 模具抹上薄薄一層無鹽奶油（分量外）。
- 烤箱預熱至170℃。

## 作法

**1** 製作酒煮無花果。將熱酒的材料與無花果乾倒入鍋中（a），煮沸後再煮約5至8分鐘，直至軟爛（b）。

**2** 製作麵糊。蛋白打散過濾後，倒入調理盆內，以打蛋器輕輕打發。

**3** 糖粉與杏仁粉倒入步驟2中，拌至無粉狀。

**4** 將溫度約35℃至40℃的步驟1熱酒，倒入步驟3輕拌混合。

**5** 低筋麵粉倒入步驟4，充分拌勻。

**6** 製作焦香奶油。待降溫至70℃至75℃後，分次倒入步驟3，每次都要充分混合。為防止麵糊摻雜不純物質，請一邊以濾網過濾一邊倒入。最後拌至滑順狀，麵糊就完成了。。

**7** 覆蓋保鮮膜，放入冰箱冷藏約2小時休眠。

**8** 將步驟7裝進擠花袋，注入模具至8分滿。

**9** 放上無花果（c），放進預熱至170℃的烤箱烘烤12至15分鐘。出爐後趁熱脫模，放涼冷卻。

# 抹茶香蕉費南雪

## 材料
（長7cm×寬4.5cm的橢圓模約25個分）

| | |
|---|---|
| 蛋白（A）……（L尺寸約14個）490g | |
| 糖粉 | 522g |
| 杏仁粉 | 227g |
| 杏桃醬 | 50g |
| 低筋麵粉 | 150g |
| 抹茶 | 20g |
| 無鹽奶油 | 480g |
| 香蕉 | 適量 |

## 作法

1 蛋白打散過濾後倒入調理盆內，以打蛋器輕輕打發。

2 糖粉與杏仁粉倒入步驟1材料中，拌至無粉狀。

3 杏桃醬隔水加熱至35℃至40℃，倒入步驟2輕拌混合。

4 低筋麵粉與抹茶混合倒入步驟3，充分拌勻（a）。

5 製作焦香奶油。待降溫至70℃至75℃後，分次倒入步驟4，每次都要充分混合。為防止麵糊摻雜不純物質，請一邊以濾網過濾一邊倒入。最後拌至滑順狀，麵糊就完成了。

6 覆蓋保鮮膜，放入冰箱冷藏約2小時休眠。

7 將步驟6裝進擠花袋，注入模具至8分滿。

8 放上切成一口大小的輪狀香蕉，放進預熱至160℃的烤箱烘烤10至12分鐘。出爐後趁熱脫模，放涼冷卻。

## 準備作業

● 蛋置於室溫下回溫。
● 糖粉、杏仁粉、低筋麵粉分別過篩。
● 焦香奶油作法請參閱P.17「基本款費南雪」的製作步驟9至11。
● 模具抹上薄薄一層無鹽奶油（分量外）。
● 烤箱預熱至160℃。

Thé vert et Banana

# 抹茶與香蕉

以令人驚喜的組合，製作這款和風費南雪。
香蕉恰如其分的輕甜，溫和地鎖住抹茶的回甘好滋味。

## Pruneaul'armagnac
# 雅文邑釀李子

以高酒精濃度的白蘭地釀漬的多汁李子作點綴，
烤出口感濕潤的大人風味費南雪。

# 雅文邑釀李子

## 材料

（長7cm×寬4.5cm的橢圓模約30個分）

| | |
|---|---|
| 蛋白 …………（L尺寸約14個）490g |
| 糖粉 …………………………522g |
| 杏仁粉 ………………………227g |
| 杏桃醬 …………………………50g |
| 低筋麵粉 ……………………150g |
| 無鹽奶油 ……………………490g |
| 雅文邑釀李子 ………………適量 |

## 作法

**1** 蛋白打散過濾後倒入調理盆內，以打蛋器輕輕打發。

**2** 糖粉與杏仁粉倒入步驟1，拌至無粉狀。

**3** 杏桃醬隔水加熱至35℃至40℃，倒入步驟2輕拌混合。

**4** 低筋麵粉倒入步驟3，充分拌勻。

**5** 製作焦香奶油。待降溫至70℃至75℃後，分次倒入步驟4，每次都要充分混合。為防止麵糊摻雜不純物質，請一邊以濾網過濾一邊倒入。最後拌至滑順狀，麵糊就完成了。

**6** 覆蓋保鮮膜，放入冰箱冷藏約2小時休眠。

**7** 將6裝進擠花袋，注入模具至8分滿。

**8** 放上切成適當大小的雅文邑釀漬李子（a），放進預熱至170℃的烤箱烘烤10至12分鐘。出爐後趁熱脫模，放涼冷卻。

## 準備作業

- 蛋置於室溫下回溫。
- 糖粉、杏仁粉、低筋麵粉分別過篩。
- 焦香奶油作法請參閱P.17「基本款費南雪」的製作步驟9至11。
- 模具抹上薄薄一層無鹽奶油（分量外）。
- 烤箱預熱至170℃。

### ＊什麼是雅文邑？

法國西南部雅文邑地區所釀造的白蘭地。酒精濃度高達40度以上。以雅文邑白蘭地來釀漬水果，可以品嚐到豐富的酒釀風味。

a

### ＊李子的釀漬方式

將500g的李子放入密封容器中，倒入200g的細砂糖與500ml的雅文邑，放置陰涼處保存，約1個月後即可食用。也可改以蘭姆酒來釀漬。

Financier salè

# 蔬菜鹹味費南雪

以蔬菜取代杏仁粉，作成鹹味的費南雪小點心。
搭配紅酒享用也十分對味。

## 橄欖

滿滿多汁柔軟的水煮橄欖，可以
引出適度鹹味。

## 玉米

以顆粒感的玉米製作，咬一口宛
如美式玉米麵包的鹹香美味，可
當早餐享用。

## 毛豆

添加了美麗嫩綠的毛豆，為保有
顆粒口感，請切成粗塊後使用。

# 毛豆
# 費南雪

## 材料
（直徑4.5cm×高1cm的矽膠模約20個分）

| | |
|---|---|
| 毛豆 | 90g |
| 蛋白 | （L尺寸約4個）130g |
| 細砂糖 | 25g |
| 低筋麵粉 | 30g |
| 泡打粉 | 1g |
| 無鹽奶油 | 110g |
| 鹽 | 1g |

## 準備作業

- 蛋置於室溫下回溫。
- 低筋麵粉過篩。
- 模具抹上薄薄一層無鹽奶油（分量外）。
- 烤箱預熱至150℃。

## 作法

1 毛豆以鹽水燙過後放涼冷卻，再切成適當大小（a）。

2 蛋白打散過濾後倒入調理盆內，加入細砂糖，以打蛋器充分混合。

3 低筋麵粉與泡打粉倒入步驟2翻拌混合，再少量分次倒入溫熱至45℃至50℃的無鹽奶油，並以橡皮刮刀充分拌勻。

4 麵糊混合完成後，加入步驟1的毛豆與鹽（b），輕拌混合。

5 將步驟4裝進擠花袋，注入模具至8分滿，放進預熱至150℃的烤箱烘烤15至18分鐘。出爐後趁熱脫模，放涼冷卻。

# 橄欖
# 費南雪

## 材料

（直徑4.5cm×高1cm的矽膠模約20個分）

| | |
|---|---|
| 水煮橄欖 | 90g |
| 蛋白 （L尺寸約4個） | 130g |
| 細砂糖 | 25g |
| 低筋麵粉 | 30g |
| 泡打粉 | 1g |
| 無鹽奶油 | 110g |
| 鹽 | 1小撮 |

## 準備作業

- 蛋置於室溫下回溫。
- 低筋麵粉過篩。
- 在烤模抹上薄薄一層無鹽奶油（分量外）。
- 烤箱預熱至150℃。

## 作法

**1** 使用水煮橄欖切成適當的大小。

**2** 蛋白打散過濾後倒入調理盆內，加入細砂糖，以打蛋器充分混合。

**3** 低筋麵粉與泡打粉倒入步驟2翻拌混合，再少量分次倒入溫熱至45℃至50℃的無鹽奶油，並以橡皮刮刀充分拌勻。

**4** 麵糊混合完成後，加入步驟1的橄欖與鹽，輕拌混合。

**5** 將步驟4裝進擠花袋，注入模具至8分滿，放進預熱至150℃的烤箱烘烤15至18分鐘。出爐後趁熱脫模，放涼冷卻。

---

**＊如何選購水煮橄欖？**

水煮橄欖的鹹度依品牌而異，此道食譜選擇的是稍鹹的口味。由於橄欖本身已有鹹味，所以要特別斟酌鹽的用量。
建議選擇帶籽的橄欖，較能保有橄欖風味。

# 玉米
# 費南雪

## 材料
（直徑4.5cm×高1cm的矽膠模約20個分）

玉米
（水煮／罐頭）·······················90g
蛋白 ··············（L尺寸約4個）130g
細砂糖 ·····························25g
低筋麵粉 ····························30g
泡打粉 ······························1g
無鹽奶油 ···························110g
鹽 ·······························1小撮

## 準備作業

- 蛋置於室溫下回溫。
- 低筋麵粉過篩。
- 模具抹上薄薄一層無鹽奶油（分量外）。
- 烤箱預熱至150℃。

## 作法

1  使用水煮玉米要先剝下玉米粒；罐裝玉米粒則要瀝去水分。

2  蛋白打散過濾後倒入調理盆內，加入細砂糖，以打蛋器充分混合。

3  低筋麵粉與泡打粉倒入步驟2翻拌混合，再少量分次倒入溫熱至45℃至50℃的無鹽奶油，並以橡皮刮刀充分拌勻。

4  麵糊混合完成後，加入步驟1的玉米粒與鹽，輕拌混合。

5  將步驟4裝進擠花袋，注入模具至8分滿，放進預熱至150℃的烤箱烘烤15至18分鐘。出爐後趁熱脫模，放涼冷卻。

# 什麼樣的模具
# 適合用來烘烤費南雪？

說到費南雪模具，最常見的就是金磚形，有單個的，也有6至12個一組的。如果是製作一般的費南雪，最好還是使用這種標準的模具。

費南雪發展至今，愈來愈多變化口味與造型特殊的費南雪，想以家中現有的模具自在地烘烤也OK，若想製作添加了水果或蔬菜的費南雪，模具深度若不夠，有時會無法烤出漂亮的成品，此時不妨改用杯子蛋糕或瑪德蓮等模具制作吧！

此外，種類眾多的矽膠模具也很實用。不僅出爐後容易脫模，還可直接放入冷凍保存（裝進密封袋內）等，是最方便料理的模具。

## 挑選方便在家中使用的款式

※尺寸標示為長×寬×高。範例為cuoca所販售的產品。

**cuoca×CHIYODA費南雪模6入**

與專業金屬加工製造商合作製造的商品。導熱性佳，以家用烤箱烘烤也能烤得很漂亮。20 ×30 ×1.2cm，每小格約8.5×4.2cm。

**矽膠加工的費南雪模8入**

馬口鐵與矽膠結合的模具。深度較深，適合用來烘烤變化款的費南雪。27.5×21×2.1cm，每小格約7×3.6cm。

**熊熊造型矽膠模**

表情生動可愛，可以烘烤出孩子們喜愛的熊熊圖案。18×18×41.5cm，8cm×4個分。

# Part 3 Gateau d'amande

# 杏仁風味燒菓子

柔軟的達克瓦茲、香脆的法式焦糖杏仁酥……
以下將介紹13款以杏仁為主食材的法國傳統糕點。

Dacguise
# 達克瓦茲

以加了杏仁的蛋白霜製作，再夾入奶油的半生食感甜點。
為日本甜點職人以法國西南部蘭德地區的達克瓦茲地方點心為基礎所研發的點心。

# 達克瓦茲

## 材料

（長7.5×寬4.5cm的橢圓形達克瓦茲模25個分）

（蛋白霜）
蛋白 …………（L尺寸約7至8個）250g
細砂糖 …………………………… 150g
蛋白粉 …………………………… 9g
糖粉 ……………………………… 112g
杏仁粉 …………………………… 112g

（帕林內Praline奶油餡）
無鹽奶油 ………………………… 150g
帕林內醬（杏仁）………………… 25g
帕林內醬（榛果）………………… 75g

## 準備作業

- 蛋置於室溫下回溫。
- 混合兩種帕林內醬。
- 糖粉與杏仁粉過篩。
- 烤箱預熱至180℃。

## 作法

**1** 製作蛋白霜。蛋白打散後過濾至調理盆中，加入細砂糖與蛋白粉，以打蛋器打至硬性發泡（a）。

**2** 少量分次倒入糖粉與杏仁粉（b），混合至蓬鬆感消失，且表面紋理一致、體積為原來的2/3（c）。

**3** 蛋白霜放入擠花袋，不套花嘴（e），直接擠入橢圓形達克瓦茲模內（d）。

**4** 擠入模具後，以橡皮刮刀等將表面抹平（f）。

**5** 稍硬後脫模，撒上糖粉（分量外），放進預熱至180℃的烤箱烘烤13至15分鐘。

**6** 製作帕林內奶油餡。將無鹽奶油倒入調理盆內，以打蛋器拌至奶油狀，加入軟化的帕林內醬，充分拌至滑順狀。

**7** 將烘烤完成的達克瓦茲放涼冷卻後，單片抹上帕林內奶油餡，再蓋上另一片就完成了。

---

**＊什麼是蛋白粉？**

蛋白乾燥後製成粉末，為烘焙材料之一，也是製作蛋白霜的輔材。可於一般烘焙材料行購買。

**＊兩種帕林內醬**

混合使用了榛果與杏仁兩種不同風味的帕林內醬，增加味道的層次感。

49

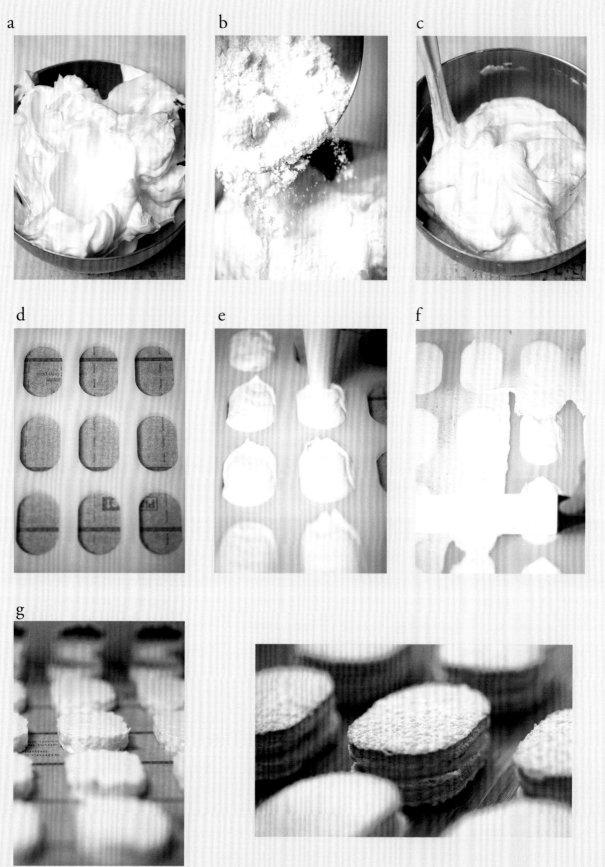

Florentins

# 法式焦糖杏仁酥

以法式沙布列（sablé）麵糊製作，
拌入橙香風味的焦糖杏仁。
法文名稱為Florentins意為「佛羅倫斯的」。
因為麵糊需要休眠一天，
所以要在烘烤前一天準備好。

# 法式焦糖杏仁酥

## 材料

（長60×寬40cm的烤盤1個）

（沙布列麵糊）

A

| | |
|---|---|
| 無鹽奶油 | 300g |
| 杏仁粉 | 60g |
| 香草粉 | 2g |
| 糖粉 | 190g |
| 鹽 | 0.5g |

| | | |
|---|---|---|
| 全蛋 | （L尺寸2個） | 120g |
| 高筋麵粉 | | 500g |

（杏仁餡料）

B

| | |
|---|---|
| 鮮奶油 | 114g |
| 無鹽奶油 | 114g |
| 蜂蜜 | 97g |
| 細砂糖 | 210g |
| 水麥芽 | 10g |
| 鮮橙皮 | 5g |
| 水 | 22g |

| | |
|---|---|
| 糖漬橙皮 | 250g |
| 杏仁薄片 | 150g |

## 準備作業

- 蛋、無鹽奶油放置於室溫下回溫。
- 糖粉、高筋麵粉過篩。
- 烤盤鋪上烘焙紙。
- 烤箱預熱至150℃。

## 作法

1  製作沙布列麵糊。將材料A全部倒入調理盆內拌勻（a），分數次倒入打散過濾後的全蛋，並以橡皮刮刀混合。

2  倒入高筋麵粉，拌至無粉狀，麵糊即完成。麵糊完成後放入冰箱冷藏一晚休眠。

3  製作杏仁餡料。將材料B倒入鍋中，加熱至112℃（b）。

4  收乾至濃稠狀後放入糖漬橙皮（c）與杏仁薄片（d & e），混合均勻（f & g & h）。

5  在烘焙紙上鋪入厚約2mm的法式沙布列麵糊，再將步驟4覆蓋在表面，以湯匙等工具抹平。放進預熱至150℃的烤箱烘烤20至25分鐘。

6  出爐後為避免表面沾附，趁熱分切至容易食用的大小（i）。

＊圖示約切為2×9cm

---

**＊什麼是香草粉？**

香草籽連同豆莢磨成粉，保有香草最原始的芳香。

**＊削切柳橙表皮**

削切柳橙表皮時溢出的油分，只要一點點就香氣十足。

**＊糖漬橙皮**

充分洗淨且煮沸的輪狀橙片，以糖漿熬煮浸漬而成。可在一般超市購買。

a

b

c

d

e

f

g

h

i

Amandine

# 杏仁小蛋糕

法文amandine為杏仁之意，顧名思義，這個小蛋糕不管蛋糕體或外層都放了大量的杏仁。淋上拌入砂糖的熱蘭姆酒，就搖身一變成了大人口味的點心。

Barton Maréchaux

# 將軍權杖餅

模仿將軍的權杖造形製作的棒狀輕食餅乾。因為加了可可而
略帶苦味的蛋白霜，搭配酥脆杏仁，令人吮指回味。

# 杏仁小蛋糕

## 材料
（7×4.5cm的橢圓形烤模約20個分）

（沙布列麵糊）

| | |
|---|---|
| 杏仁膏 | 200g |
| 上白糖 | 90g |
| 全蛋 （L尺寸約3個） | 180g |
| 蛋黃 （L尺寸1個） | 25g |
| 低筋麵粉 | 100g |
| 泡打粉 | 1g |
| 無鹽奶油 | 90g |
| 杏仁角 | 適量 |

（蘭姆酒淋醬）

| | |
|---|---|
| 蘭姆酒 | 100g |
| 糖粉 | 200g |

## 準備作業

- 蛋（全蛋及蛋黃）、無鹽奶油放置室溫回溫。
- 低筋麵粉與泡打粉過篩。
- 烤模塗上薄薄一層無鹽奶油（分量外），撒滿杏仁角。
- 烤箱預熱至165℃。

---

**＊什麼是杏仁膏？**

杏仁和糖粉或細砂糖混合研磨製成膏狀。另外還有一種產品為杏仁糖泥（marzipan rohmasse），本書使用的是杏仁膏。

---

## 作法

**1** 杏仁膏與上白糖倒入調理盆，以橡皮刮刀攪拌混合。

**2** 充分拌勻後，少量分次倒入溫熱至40℃的全蛋與蛋黃，混合後打發至舀起麵糊後呈緞帶狀落下的狀態（a）。

**3** 低筋麵粉與泡打粉倒入步驟2（b），拌至無粉狀。

**4** 倒入約融化至50℃至55℃的無鹽奶油（c），盡速攪拌。

**5** 烤模內密密地貼上一層杏仁角（d）。

**6** 將麵糊注入烤模（e），放進預熱至165℃的烤箱烘烤13至15分鐘。

**7** 蘭姆酒與糖粉倒入深鍋，煮至沸騰後熄火（f）。

**8** 出爐後脫模的杏仁小蛋糕（g），趁熱澆上步驟7的熱淋醬，使其滲入蛋糕體內（h）。

57

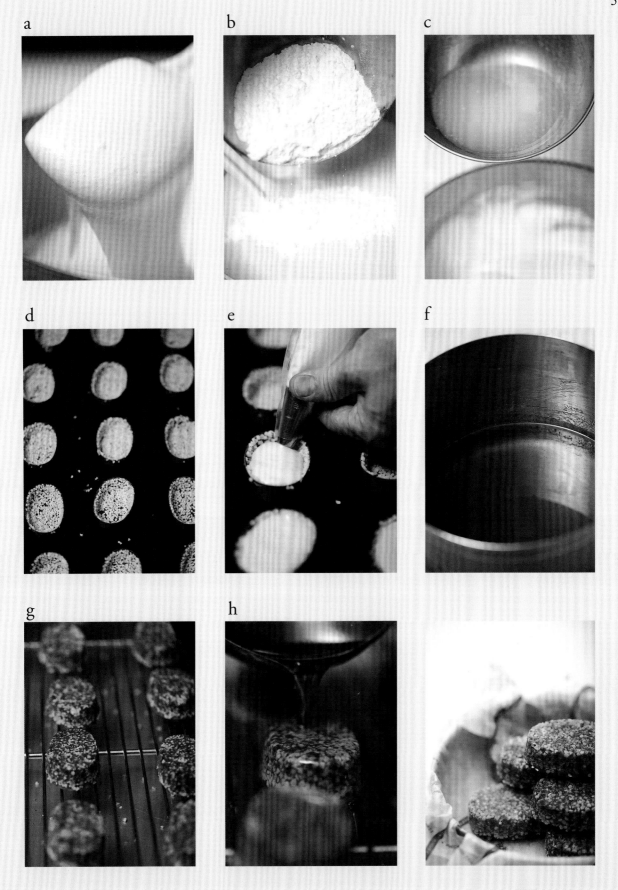

# 將軍權杖餅

## 材料

（8cm長的棒狀，約60支＝30個分）

（蛋白霜）

| | |
|---|---|
| 蛋白 ……………（L尺寸約3個）100g |
| 細砂糖 ……………………………100g |
| 杏仁粉 ……………………………100g |
| 低筋麵粉 …………………………… 2g |
| 可可粉 ……………………………10g |
| 杏仁角 ……………………………適量 |

（帕林內奶油餡）

| | |
|---|---|
| 帕林內醬（榛果）………………100g |
| 牛奶巧克力 ………………………100g |

## 準備作業

- 蛋置於室溫下回溫。
- 杏仁粉、低筋麵粉及可可粉混合過篩。
- 烤箱預熱至160℃。
- 烤盤鋪上烘焙紙。

## 作法

**1** 製作蛋白霜。蛋白打散後過濾至調理盆中，加入細砂糖，以打蛋器打至硬性發泡。

**2** 將杏仁粉、低筋麵粉與可可粉過篩至步驟1中（a）。

**3** 以橡皮刮刀拌至滑順有光澤、蓬鬆軟綿（b）。

**4** 將麵糊裝進圓形花嘴的擠花袋，在烘焙紙上擠出約8cm的長條狀（c、d）。花嘴斜傾、不碰觸烤盤，快速擠出，即可擠出漂亮的圓棒狀。

**5** 每支都撒上杏仁角（e），放進預熱至160℃的烤箱烘烤14至18分鐘。

**6** 製作帕林內奶油餡。將帕林內醬及隔水加熱融化的牛奶巧克力倒入調理盆內，以橡皮刮刀拌至光滑狀。

**7** 出爐後放涼冷卻，在平的那一面塗上步驟6，然後蓋上另一片餅乾就完成了。

a

b

c

d
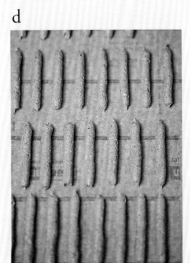

e

Pain de jene

# 熱內亞蛋糕

入口即化的海綿蛋糕，鋪滿杏仁薄片，
再淋上杏桃鏡面果膠，口感豐富，閃閃誘人。
相傳19世初熱內亞遭法軍包圍時，
曾向將軍獻上這道傳統點心。

# 熱內亞蛋糕

## 材料

（直徑16cm的花形模1個）

| | |
|---|---|
| 杏仁膏 | 260g |
| 糖粉 | 80g |
| 全蛋 （L尺寸約4個） | 240g |
| 低筋麵粉 | 70g |
| 泡打粉 | 2g |
| 無鹽奶油 | 100g |
| 杏仁薄片 | 適量 |
| 杏桃鏡面果膠 | 適量 |

## 準備作業

● 蛋、無鹽奶油放置於室溫下回溫。

● 泡打粉、低筋麵粉過篩。

● 模具抹上薄薄一層無鹽奶油（分量外）。

● 烤箱預熱至160℃。

## 作法

**1** 杏仁膏與糖粉倒入調理盆內，以橡皮刮刀拌至軟化。全蛋打散過濾且隔水加熱至40℃後，一邊少量分次倒入一邊打發。

**2** 將過篩後的低筋麵粉與泡打粉混合，一口氣倒入步驟1，拌至無粉狀（a）。

**3** 無鹽奶油切成適當大小倒入鍋中，加熱至50℃至55℃使其溶化，再分3次倒入步驟2（b），每一次都要拌至滑順狀（c）。

**4** 模具抹上薄薄的無鹽奶油（分量外），再貼上杏仁薄片（d）。

**5** 麵糊倒入模具內，抹平表面，放進預熱至160℃的烤箱烘烤40至50分鐘（e）。出爐後趁熱脫模，放涼冷卻。以毛刷在表面刷上約70℃的杏桃鏡面果膠即可。

---

**＊什麼是鏡面果膠（nappage）？**

以杏桃或覆盆子等為原料，塗抹在糕點或料理表面，使其散發美麗光澤的果膠。可在烘焙材料行購買，也可以杏桃醬加水再加熱後的醬汁取代。

Noix Caramel

# 糖裹核桃焦糖蛋糕

海綿蛋糕包覆大量焦糖，製成一口大小的小點心。
糖裹核挑的香氣、蘭姆酒的風味，忍不住一口接一口。

# 糖裹核桃焦糖蛋糕

## 材料
（直徑6cm（下）×4.5cm（上）的梯形模25個分）

（焦糖醬）
細砂糖 ……………………… 100g
鮮奶油 ……………………… 100g

（蛋糕麵糊）
（直徑6cm×4.5cm的梯形模約25個分）
無鹽奶油 …………………… 380g
二砂糖 ……………………… 150g
鹽 …………………………… 1g
糖粉 ………………………… 100g
全蛋 ………（L尺寸約5至6個）320g
低筋麵粉 …………………… 140g
高筋麵粉 …………………… 100g
杏仁粉 ……………………… 30g

（核桃脆餅）
水 …………………………… 20g
二砂糖 ……………………… 38g
核桃 ………………………… 100g
細砂糖 ……………………… 38g

（酒糖液）
蘭姆酒 ……………………… 60g
糖漿 ………………………… 33g

（蘭姆酒糖霜）
糖粉 ………………………… 200g
蘭姆酒 ……………………… 60g

## 準備作業

- 蛋、無鹽奶油放置於室溫下回溫。
- 糖粉、杏仁粉、低筋麵粉、高筋麵粉過篩。
- 烤箱預熱至155℃。

## 製作焦糖醬

細砂糖少量分次倒入鍋中，以小火煮至融化、呈現焦色即可。以另一個鍋子將鮮奶油加熱，沸騰後倒入焦糖，充分攪拌混合。最後隔冷水降溫冷卻以停止上色。

a

### 作法

**1** 無鹽奶油、二砂糖、鹽倒入調理盆內（a），以橡皮刮刀充分混合（b＆c）。

**2** 將約降溫至人體溫度的焦糖醬倒入步驟1中混合（d＆e）。

**3** 糖粉及杏仁粉混合，分數次倒入步驟2中攪拌（f）。

**4** 分3次將打散過濾的全蛋加入步驟3中，每次都要充分拌勻（g＆h）。

**5** 出現光澤且開始分離時，改用打蛋器攪拌（i＆j）。高筋麵粉與低筋麵粉混合倒入後，快速混合（k＆l）。

**6** 將步驟5裝進套上圓形花嘴的擠花袋中，注入模具至8分滿，放進預熱至155℃的烤箱烘烤18至20分鐘。

**7** 製作核桃脆餅（沾裹砂糖的核桃）。鍋中倒入水與二砂糖，煮沸後輕輕放入烤過的核桃。等水分蒸發後，砂糖變成白色結晶就OK了。

**8** 蛋糕烤好後，以毛刷塗上混合蘭姆酒與糖漿的酒糖液。冷卻後，再於表面塗上煮沸的糖粉及蘭姆酒糖霜，放進預熱至200℃的烤箱加熱約1分鐘烤乾。最後放上步驟7的核桃脆餅就完成了。

e

i

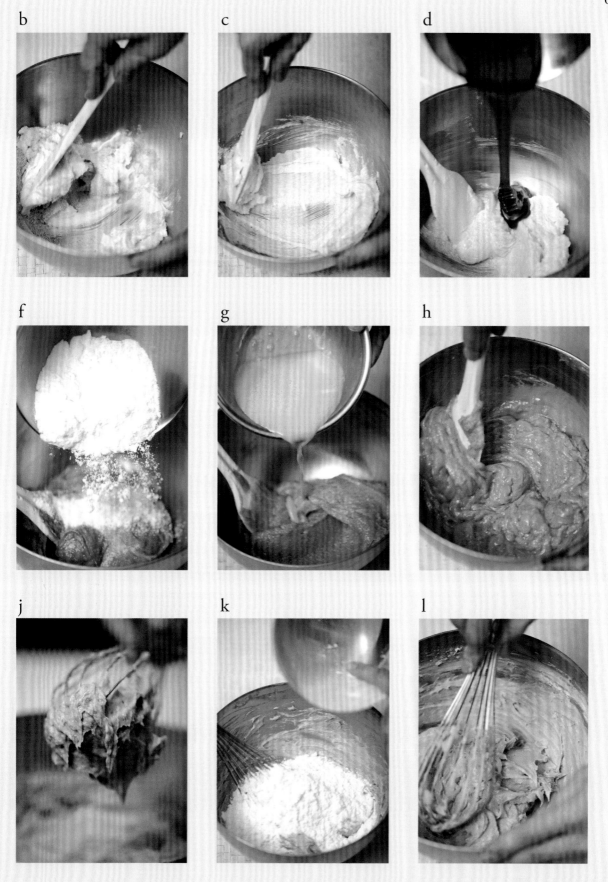

Brownie

# 布朗尼

鋪平烘烤的堅果巧克力蛋糕,散發濃濃的杏仁粉風味。
只需將材料混合烘烤,作法簡單,自家烘培也可以輕鬆完成。

Crumble

# 英式烤奶酥

crumble在英語中是「碎裂」的意思。二次世界大戰時，法國麵包師父在大戰中的英國，想出這道以少量材料製作的樸素可口的燒菓子。

# 布朗尼

## 材料

（長35cm×寬35cm的方形模1個分）

無鹽奶油 ················· 250g
鹽 ···························· 1g
細砂糖 ···················· 195g
全蛋 ········· （L尺寸約3至4個）200g
巧克力 ······················ 300g
低筋麵粉 ···················· 125g
杏仁粉 ························ 75g
泡打粉 ························· 5g
巧克力脆片 ················· 125g
核桃 ························· 125g
可可粉 ····················· 適量

## 準備作業

● 蛋、無鹽奶油放置於室溫下回溫。
● 低筋麵粉、杏仁粉、泡打粉過篩。
● 烤箱預熱至160℃。
● 烤模鋪上烘焙紙。

## 作法

**1** 無鹽奶油、鹽及細砂糖倒入調理盆內，以打蛋器拌至滑順狀。

**2** 全蛋打散過濾，隔水加熱至40℃左右後，分3次倒入步驟1中，每次都要充分混合。

**3** 巧克力隔水加熱至40℃至50℃，一口氣倒入步驟2（a）充分攪拌混合（b＆c）。

**4** 低筋麵粉、杏仁粉、泡打粉混合後倒入步驟3，攪拌至呈泥狀後，改以橡皮刮刀再度拌至呈現光澤。

**5** 將巧克力脆片與碎核桃拌入麵糊後，注入模具，放進預熱至160℃的烤箱烘烤25至30分鐘。

**6** 放涼冷卻後脫模，再放置至完全冷卻後，分切成適當大小，最後撒上可可粉就完成了。

a

b

c

d
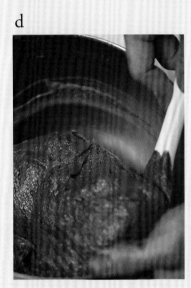

# 英式烤奶酥

## 材料

（直徑6.5cm的中空模×36片）

（麵糊）
杏仁粉 ················· 150g
二砂糖 ················· 105g
細砂糖 ················· 135g
高筋麵粉 ··············· 165g
無鹽奶油 ··············· 200g
鹽 ······················ 4g

（帕林內奶油餡）
帕林內醬（榛果）········· 100g
牛奶巧克力 ·············· 100g

芭芮脆片 ················ 20g
糖粉 ·················· 適量

## 準備作業

● 無鹽奶油切丁成1cm大小。
● 杏仁粉、二砂糖、細砂糖、高筋麵粉
  分別過篩。
● 烤箱預熱至160℃。

＊芭芮脆片( feuillantine )

可麗餅烤至酥脆後壓成碎粒。可
至烘焙材料行購買成品。

## 作法

**1** 將所有麵糊材料倒進調理盆內，放入冰箱冷藏90分鐘（a）。

**2** 確實冰至硬塊後，以手持式電動攪拌器攪拌混合。低速攪拌約30秒，再以刮刀邊切邊拌（b）。

**3** 變成鬆散狀後，每次秤20g以手指塞入中空模後抹平表面，重複此動作。

**4** 放進預熱至160℃的烤箱烘烤15分鐘（c）。

**5** 製作帕林內奶油餡。將帕林內奶油霜的材料倒入調理盆內，以橡皮刮刀拌至滑順狀。

**6** 餅乾烤好後，放置冷卻。在單片塗上適量的帕林內奶油餡，再疊上另一片（d＆e）。周圍撒上芭芮脆片，再隨喜好撒上糖粉就完成了。

a

b

c

d

e

Tigre
# 虎紋蛋糕

添加了巧克力的虎紋蛋糕。因為海綿蛋糕的顏色濃淡不一，貌似老虎身上的紋路而得名。
以下介紹巧克力、開心果及覆盆子三種口味。

# 巧克力虎紋蛋糕

## 材料

（直徑6.5cm的薩瓦琳模約15個分）

| | |
|---|---|
| 蛋白 ……………（L尺寸約5個）168g | （甘那許巧克力） |
| 轉化糖 ………………………………18g | 鮮奶油 ………………………………180g |
| 糖粉 …………………………………215g | 苦味巧克力……………………………230g |
| 杏仁粉 ………………………………160g | 無鹽奶油 ………………………………40g |
| 低筋麵粉 ………………………………63g | |
| 無鹽奶油 ……………………………193g | |
| 巧克力脆片……………………………55g | |

## 準備作業

- 蛋白、無鹽奶油放置於室溫下回溫。
  ※甘那許巧克力用的無鹽奶油切丁成2cm大小，放入冰箱冷藏。
- 糖粉、杏仁粉、低筋麵粉分別過篩。
- 焦香奶油作法請參閱P.17「基本款費南雪」的製作步驟9至11。
- 模具抹上薄薄一層無鹽奶油（分量外）。
- 烤箱預熱至170℃。

---

**＊什麼是轉化糖？**

砂糖加入酸或酵素形成的葡萄糖與果糖混合物，為甜味佐料。可用來鎖住燒菓子的濕潤度，防止乾燥。又名trimoline，可在烘焙材料行購買。

## 作法

**1** 蛋白打散過濾後，隔水加熱至40℃左右，與轉化糖倒入調理盆內。保持35℃至40℃的狀態，以打蛋器拌至糖溶解（a）。

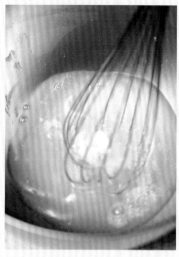

**2** 完全溶解後，加入糖粉（b），拌至無結塊（c）。

**3** 加入杏仁粉（d），攪拌均勻（e）。

**4** 加入低筋麵粉（f），拌至無粉狀（g）。

**5** 製作焦香奶油。待降溫至70℃至75℃後，分3次倒入步驟4中，每次都要重複的充分混合（h＆i）。

**6** 加入巧克力脆片（j），以橡皮刮刀將所有材料混合均勻，麵糊就完成了（k）。

**7** 將步驟6裝進擠花袋內，注入模具至8分滿，放進預熱至170℃的烤箱烘烤20分鐘。

**8** 製作甘那許巧克力餡。鍋中倒入鮮奶油煮至沸騰。

**9** 苦味巧克力切碎後放入碗中，倒進沸騰的步驟8中。

**10** 以橡皮刮刀充分混合後，加入切成2cm大的冷藏無鹽奶油，充分拌勻後甘那許巧克力即完成，將巧克力移至附有鍋嘴的鍋內。

**11** 虎紋蛋糕趁熱脫模，先放涼冷卻，完全冷卻後放在中空模上保持底部穩定，然後於正中間注入甘那許巧克力。

b

c

d

f

g

h

j

k

# 開心果虎紋蛋糕

## 材料
（直徑6.5cm的薩瓦琳模，約15個分）

蛋白 ⋯⋯⋯⋯⋯（L尺寸約5個）168g
轉化糖 ⋯⋯⋯⋯⋯⋯⋯⋯⋯⋯18g
糖粉 ⋯⋯⋯⋯⋯⋯⋯⋯⋯⋯⋯215g
杏仁粉 ⋯⋯⋯⋯⋯⋯⋯⋯⋯⋯160g
低筋麵粉 ⋯⋯⋯⋯⋯⋯⋯⋯⋯63g
無鹽奶油 ⋯⋯⋯⋯⋯⋯⋯⋯193g
巧克力脆片 ⋯⋯⋯⋯⋯⋯⋯55g
開心果泥 ⋯⋯⋯⋯⋯⋯⋯⋯25g

（法式水果軟糖，開心果口味）
蘋果汁 ⋯⋯⋯⋯⋯⋯⋯⋯⋯⋯200g

A
┌細砂糖（A）⋯⋯⋯⋯⋯⋯⋯230g
└果膠（Yellow Ribbon）⋯⋯⋯6g

水麥芽 ⋯⋯⋯⋯⋯⋯⋯⋯⋯⋯50g
細砂糖（B）⋯⋯⋯⋯⋯⋯⋯220g
開心果泥 ⋯⋯⋯⋯⋯⋯⋯⋯30g
檸檬酸 ⋯⋯⋯⋯⋯⋯⋯⋯⋯⋯5g
（若顆粒狀，請以等量的水溶化後再使用）

## 準備作業

●蛋白、無鹽奶油放置於室溫下回溫。
●糖粉、杏仁粉、低筋麵粉分別過篩。
●焦香奶油作法請參閱P.17「基本款費南雪」的製作步驟9至11。
●模具抹上薄薄一層無鹽奶油（分量外）。
●烤箱預熱至160℃。

## 作法

**1** 蛋白打散過濾後，隔水加熱至40℃左右，與轉化糖倒入調理盆內。保持35℃至40℃的狀態，以打蛋器拌至糖溶解。

**2** 完全溶解後，加入糖粉，拌至無結塊。

**3** 加入杏仁粉，攪拌均勻。

**4** 加入低筋麵粉，拌至無粉狀。

**5** 製作焦香奶油。待降溫至70℃至75℃後，分3次倒入步驟4中，每次都要充分混合。

**6** 加入巧克力脆片，以橡皮刮刀混合，再倒入開心果泥，將所有材料混合均勻，麵糊就完成了（a＆b）。

**7** 將步驟6裝進擠花袋內，注入模具至8分滿，放進預熱至160℃的烤箱烘烤20分鐘（c＆d）。

**8** 製作開心果口味的法式水果軟糖餡。鍋中倒入蘋果汁，加熱至40℃至50℃。

**9** 將A混合後，倒入步驟8的鍋中，煮至沸騰。

**10** 沸騰後倒入水麥芽，再煮至沸騰。

**11** 將細砂糖B分3次倒入煮沸的步驟10，再加入溶化的開心果泥，煮至103℃後熄火，放入檸檬酸，開心果軟糖餡就完成了，將軟糖移至附有鍋嘴的鍋內。

**12** 虎紋蛋糕趁熱脫模，先放涼冷卻，完全冷卻後放在中空模上保持底部穩定，然後於正中間注入開心果軟糖餡。

a

b

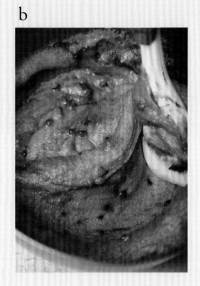

c

d

# 覆盆子虎紋蛋糕

## 材料

（直徑6.5cm的薩瓦琳模，約15個分）

| | | |
|---|---|---|
| 蛋白 | （L尺寸約5個） | 168g |
| 轉化糖 | | 18g |
| 糖粉 | | 215g |
| 杏仁粉 | | 160g |
| 低筋麵粉 | | 63g |
| 無鹽奶油 | | 193g |
| 巧克力脆片 | | 55g |

A
覆盆子汁 ············· 10g
食用色素 紅120號 ············· 適量
　　　　　 2號 ············· 適量

（法式水果軟糖，覆盆子口味）
覆盆子醬 ············· 210g

B
細砂糖（A） ············· 25g
果膠 ············· 5g

水麥芽 ············· 50g
細砂糖（B） ············· 230g
檸檬酸 ············· 5g

## 準備作業

- 蛋白、無鹽奶油放置於室溫下回溫。
- 低筋麵粉、杏仁粉、糖粉分別過篩。
- 焦香奶油作法請參閱P.17「基本款費南雪」的製作步驟9至11。
- 模具抹上薄薄一層無鹽奶油（分量外）。
- 烤箱預熱至160℃。

## 作法

**1** 蛋白打散過濾後，隔水加熱至40℃左右，與轉化糖倒入調理盆內。保持35℃至40℃的狀態，以打蛋器拌至糖溶解。

**2** 完全溶解後，加入糖粉，拌至無結塊。

**3** 加入杏仁粉，攪拌均勻。

**4** 加入低筋麵粉，拌至無粉狀（g）。

**5** 製作焦香奶油。待降溫至70℃至75℃後，分3次倒入步驟4中，每次都要充分混合。

**6** 加入巧克力脆片，以橡皮刮刀混合。將A混合後倒入，再拌至完全混合，麵糊就完成了。

**7** 將步驟6裝進擠花袋內，注入模具至8分滿，放進預熱至160℃的烤箱烘烤20分鐘。

**8** 製作覆盆子口味的法式水果軟糖餡。鍋中倒入覆盆子醬，加熱至40℃至50℃。

**9** B混合後倒入步驟8的鍋中，煮至沸騰。

**10** 沸騰後倒入水麥芽，再煮至沸騰。

**11** 細砂糖B分3次倒入煮沸的步驟10中，煮至103℃後熄火，加入檸檬酸，覆盆子軟糖餡就完成了，將軟糖移至附有鍋嘴的鍋內。

**12** 虎紋蛋糕趁熱脫模，先放涼冷卻，完全冷卻後放在中空模上保持底部穩定，然後於正中間注入覆盆子軟糖餡。

Macaron
# 馬卡龍

16世紀由義大利傳入法國的可愛點心。以下介紹咖啡凍&馬斯卡邦尼乳酪夾心及酸甜
紅色水果甘那許夾心兩種，讓我們來愉快地製作這款甜點中的小精靈吧！

# 咖啡凍＆馬斯卡邦尼乳酪夾心馬卡龍

## 材料

（直徑4cm的圓形×40片＝20個分）

（咖啡凍）
咖啡（無糖）‧‧‧‧‧‧‧‧‧‧‧‧‧‧‧‧‧‧‧‧ 200ml
A
┌細砂糖 ‧‧‧‧‧‧‧‧‧‧‧‧‧‧‧‧‧‧‧‧‧‧‧‧‧‧ 25g
└蒟蒻果凍粉 ‧‧‧‧‧‧‧‧‧‧‧‧‧‧‧‧‧‧‧‧‧ 4g

（蛋白霜）
細砂糖 ‧‧‧‧‧‧‧‧‧‧‧‧‧‧‧‧‧‧‧‧‧‧‧‧‧‧ 250g
水 ‧‧‧‧‧‧‧‧‧‧‧‧‧‧‧‧‧‧‧‧‧‧‧‧‧‧‧‧‧‧ 75g
蛋白 ‧‧‧‧‧‧‧‧‧‧‧（L尺寸約3個）95g
杏仁粉 ‧‧‧‧‧‧‧‧‧‧‧‧‧‧‧‧‧‧‧‧‧‧‧‧‧ 250g
糖粉 ‧‧‧‧‧‧‧‧‧‧‧‧‧‧‧‧‧‧‧‧‧‧‧‧‧‧‧ 250g
蛋白粉 ‧‧‧‧‧‧‧‧‧‧‧‧‧‧‧‧‧‧‧‧‧‧‧‧‧‧‧ 2g
咖啡精 ‧‧‧‧‧‧‧‧‧‧‧‧‧‧‧‧‧‧‧‧‧‧‧‧‧‧ 10g

（馬斯卡邦尼奶油餡）
馬斯卡邦尼乳酪 ‧‧‧‧‧‧‧‧‧‧‧‧‧‧‧‧ 100g
酸奶油 ‧‧‧‧‧‧‧‧‧‧‧‧‧‧‧‧‧‧‧‧‧‧‧‧‧‧ 20g
細砂糖 ‧‧‧‧‧‧‧‧‧‧‧‧‧‧‧‧‧‧‧‧‧‧‧‧‧‧ 20g
鮮奶油 ‧‧‧‧‧‧‧‧‧‧‧‧‧‧‧‧‧‧‧‧‧‧‧‧‧ 130g

## 準備作業

● 蛋置於室溫下回溫。
● 杏仁粉與糖粉過篩。
● 以鉛筆在烘焙紙的背面畫上直徑4cm的圓。
● 烤箱預熱至150℃。

---

＊什麼是蒟蒻果凍粉
（Pearl Agar）？

與寒天或吉利丁一樣，都是凝固劑。屬於植物性，耐酸，常用來凝結使用了新鮮水果的糕點。

---

## 作法

**1** 製作夾心的咖啡凍。鍋中倒入咖啡，約加熱至人體溫度。

**2** 一邊攪拌A一邊倒入步驟1中，煮至沸騰後熄火，倒入保鮮盒。冷卻後放入冰箱冷藏凝固，約需1小時。

**3** 製作蛋白霜。鍋中倒入細砂糖與水，煮沸後再續煮至118℃，熄火後放涼至40℃。

**4** 蛋白打散過濾後倒入調理盆，少量分次的將步驟3倒進來，以打蛋器打至硬性發泡。

**5** 杏仁粉與糖倒入另一個調理盆，混合後將步驟4全部倒進來（a），再一口氣倒入咖啡精與蛋白粉（參閱P.48）的混合醬（b）。

**6** 以橡皮刮刀拌至無粉狀（c）。

**7** 全部拌勻後，改用切麵刀作業。

**8** 彷彿以杏仁的油分包覆蛋白霜般，拌到整體融合。當呈現柔順光滑的輕質感就表示完成了（d）。這個動作稱為「壓拌混合麵糊」。

**9** 將步驟8裝進擠花袋內，烘焙紙正面朝上，在畫好的圓形上擠上麵糊。花嘴成直角地握住擠花袋，花嘴與烘焙紙的距離維持不動，如畫螺旋般擠出麵糊。全部擠好後，用力敲烤盤下方，原本突出的角就會消失，表面變得滑順（e＆f）。

**10** 放置乾燥約10分鐘，以手指觸摸也不會沾黏的程度。如果未確實乾燥，出爐後會出現龜裂（g）。

**11** 放進預熱至150℃的烤箱烘烤約14分鐘。

**12** 製作馬斯卡邦尼奶油餡。將馬斯卡邦尼乳酪、酸奶油及細砂糖，以橡皮刮刀充分混合（h＆i）。

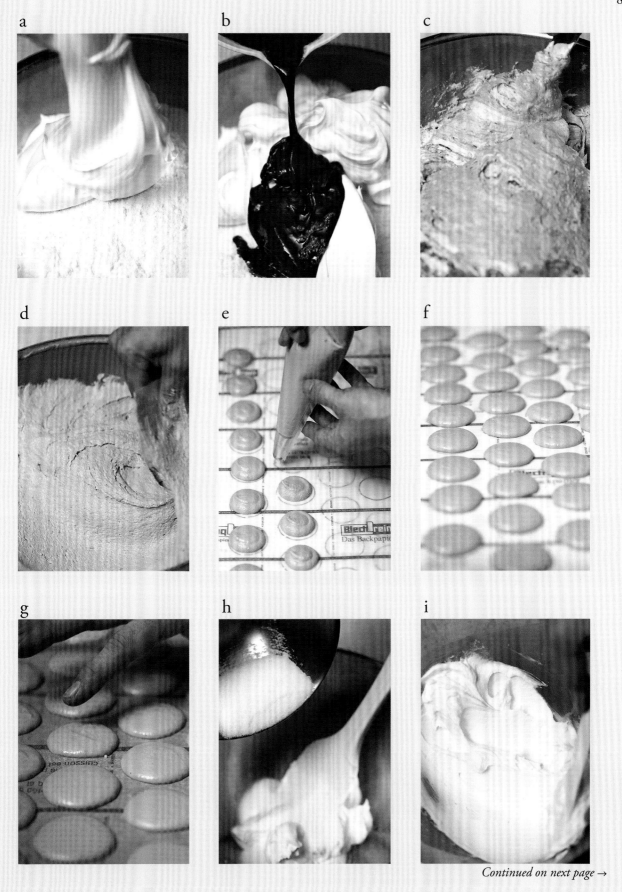

a

b

c

d

e

f

g

h

i

*Continued on next page →*

j

k

l

m

n

o

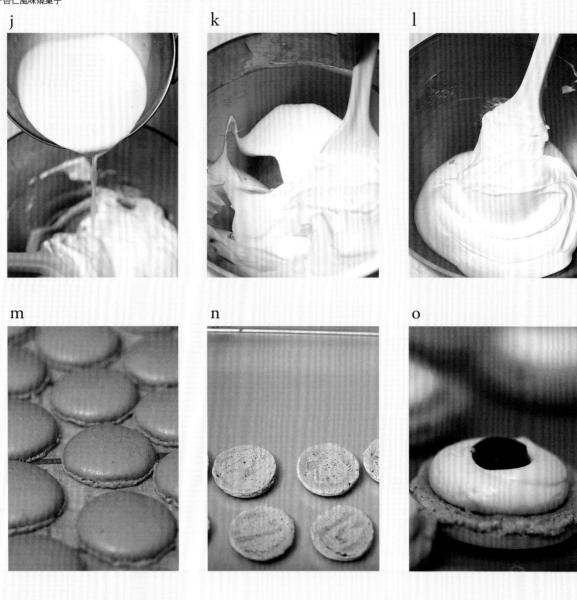

p

**13**　少量分次的加入鮮奶油，所有材料都拌入後，打發至鬆軟（j＆k＆l）。

**14**　烤好的馬卡龍放涼冷卻後（m），將一半的量翻面（n），抹上滿滿的馬斯卡邦尼奶油餡。

**15**　從冰箱取出凝結的咖啡凍，裝進套好圓形花嘴的擠花袋，在步驟13的上方擠上咖啡凍（o），再蓋上另一片馬卡龍就完成了。

# 紅色水果甘那許夾心馬卡龍

## 材料
（直徑4cm的圓形×40片＝20個分）

（紅色水果甘那許）

A
覆盆子醬 ……………………… 120g
櫻桃醬 ……………………………65g
紅醋栗醬 …………………………20g
白巧克力 ………………………240g

（蛋白霜）
細砂糖 ……………………………250g
水 …………………………………75g
蛋白 ………（L尺寸約3個）95g
杏仁粉 ……………………………250g
糖粉 ………………………………250g
蛋白粉 …………………………… 2g
紅色食用色素 …………………適量

## 準備作業

● 蛋置於室溫下回溫。
● 杏仁粉與糖粉過篩。
● 以鉛筆在烘焙紙的背面畫上
　直徑4cm的圓形。
● 烤箱預熱至150℃。

## 作法

**1** 製作紅色水果甘那許夾心。將A所有的水果醬倒入鍋中，煮沸後倒入白巧克力，充分混合後熄火。倒在托盤之類的扁平容器內，鋪平後覆蓋保鮮膜，放入冰箱冷藏5至8小時。

**2** 製作蛋白霜。鍋中倒入細砂糖與水，煮沸後再續煮至118℃，熄火後放涼至40℃。

**3** 蛋白打散過濾後倒入調理盆，少量分次將放涼的步驟2倒進來，以打蛋器打至硬性發泡。。

**4** 杏仁粉與糖倒入另一個調理盆，混合後將步驟3倒進來，再一口氣倒入蛋白粉與紅色食用色素的混合物。

**5** 以橡皮刮刀拌至無粉狀。

**6** 全部拌勻後，改用切麵刀作業。

**7** 彷彿以杏仁的油分包覆蛋白霜般，拌到整體融合。當呈現柔順光滑的輕質感就表示完成了。這個動作稱為「壓拌混合麵糊」。

**8** 將步驟7裝進擠花袋內，烘焙紙正面朝上，在畫好的圓形上擠上麵糊。花嘴成直角地握住擠花袋，花嘴與烘焙紙的距離維持不動，如畫螺旋般擠出麵糊。全部擠好後，用力敲烤盤下方，原本突出的角就會消失，表面變得滑順。

**9** 放置乾燥約10分鐘，以手指觸摸也不會沾黏的程度。如果未確實乾燥，出爐後會出現龜裂。

**10** 放進預熱至150℃的烤箱烘烤約14分鐘。

**11** 烤好的馬卡龍放涼冷卻後，將一半的量翻面，抹上步驟1的紅色水果甘那許，再蓋上另一片馬卡龍就完成了。

# from Ryosuke Sugamata

我在法國只專精研究三種燒菓子的基本配方，
分別是杏仁奶油霜、瑪德蓮及費南雪，
再以這三個基本配方為基礎，變化出各式各樣的糕點。

舉例而言，在瑪德蓮的基本配方中增加蛋的用量烤出磅蛋糕、
杏仁奶油加粉作成塔點心
熟練基本作法之後，再注入巧思加以變化，
正是烘焙令人開心又期待之處。

本書主要介紹了基本款費南雪配方，
同時也收錄了多款變化口味，如添加水果或蔬菜食材等，
希望您在製作費南雪時有更多創意變化，且能自由發揮。

雖然費南雪是基礎的古典西點，但仍隨著時代變化，配方上也有所調整。
由衷地期盼您能藉由此書，變化出費南雪的獨特魅力。

烘焙 良品 42

法式經典甜點，貴氣金磚蛋糕

# 費南雪

作　　　　者／菅又亮輔
譯　　　　者／瞿中蓮
發　行　　人／詹慶和
執　行　編　輯／李佳穎・蔡毓玲
編　　　　輯／劉蕙寧・黃璟安・陳姿伶
封　面　設　計／李盈儀・陳麗娜
內　頁　排　版／造　極
美　術　編　輯／周盈汝・韓欣恬
出　　　版　者／良品文化館
郵政劃撥帳號／18225950
戶　　　　名／雅書堂文化事業有限公司
地　　　　址／220 新北市板橋區板新路 206 號 3 樓
電　子　信　箱／elegant.books@msa.hinet.net
電　　　　話／(02)8952-4078
傳　　　　真／(02)8952-4084

2023 年 4 月二版一刷　定價 280 元

FINANCIER TO ALMOND NO YAKIGASHI by Ryosuke Sugamata
Copyright © Nitto Shoin Honsha Co., Ltd.2013 © Ryosuke Sugamata
All rights reserved.
Original Japanese edition published by Nitto Shoin Honsha Co., Ltd.

This Traditional Chinese language edition is published by arrangement with
Nitto Shoin Honsha Co., Ltd., Tokyo in care of Tuttle-Mori Agency, Inc., Tokyo
through Keio Cultural Enterprise Co., Ltd., New Taipei City.

經銷／易可數位行銷股份有限公司
地址／新北市新店區寶橋路 235 巷 6 弄 3 號 5 樓
電話／（02）8911-0825　　傳真／（02）8911-0801

**版權所有・翻印必究**
（未經同意，不得將本書之全部或部分內容使用刊載）
本書如有缺頁，請寄回本公司更換

STAFF

攝影・設計／白井力・阿部熱・
　　　　　　伊藤亜佳音（Soak）
撰　　　文／吉田圭
構　　　成／森田有希子
企　　　劃／牧野貴志
管　　　理／中川通・渡辺塁・
　　　　　　編笠屋俊夫（辰巳出版）
攝　影　協　力／AWAMEES
贊　　　助／クオカ（P.8 & 45）
　　　　　　http://www.cuoca.com/

國家圖書館出版品預行編目(CIP)資料

法式經典甜點.貴氣金磚蛋糕：費南雪/菅又亮輔著；
瞿中蓮譯. -- 二版. -- 新北市：良品文化館出版：雅書
堂文化事業有限公司發行, 2023.04
　面；　公分. -- (烘焙良品；42)
ISBN 978-986-7627-50-6(平裝)

1.CST: 點心食譜

427.16　　　　　　　　　　　　　112003630